Pequeñas Estrellas

Un libro de El Semillero de Crabtree

Taylor Farley y Pablo de la Vega

¡Aprender a pescar es divertido!

Uso una caña,
un **carrete** y un sedal.

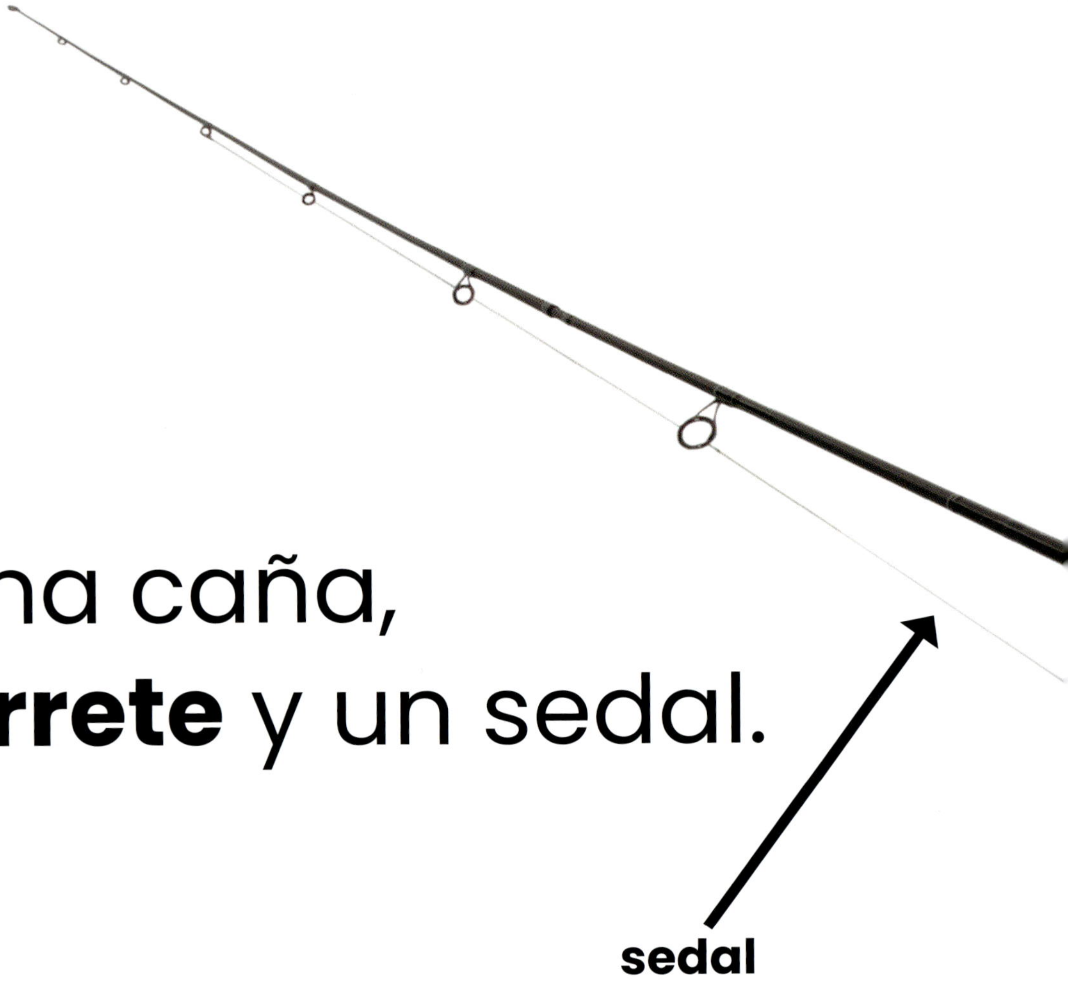

sedal

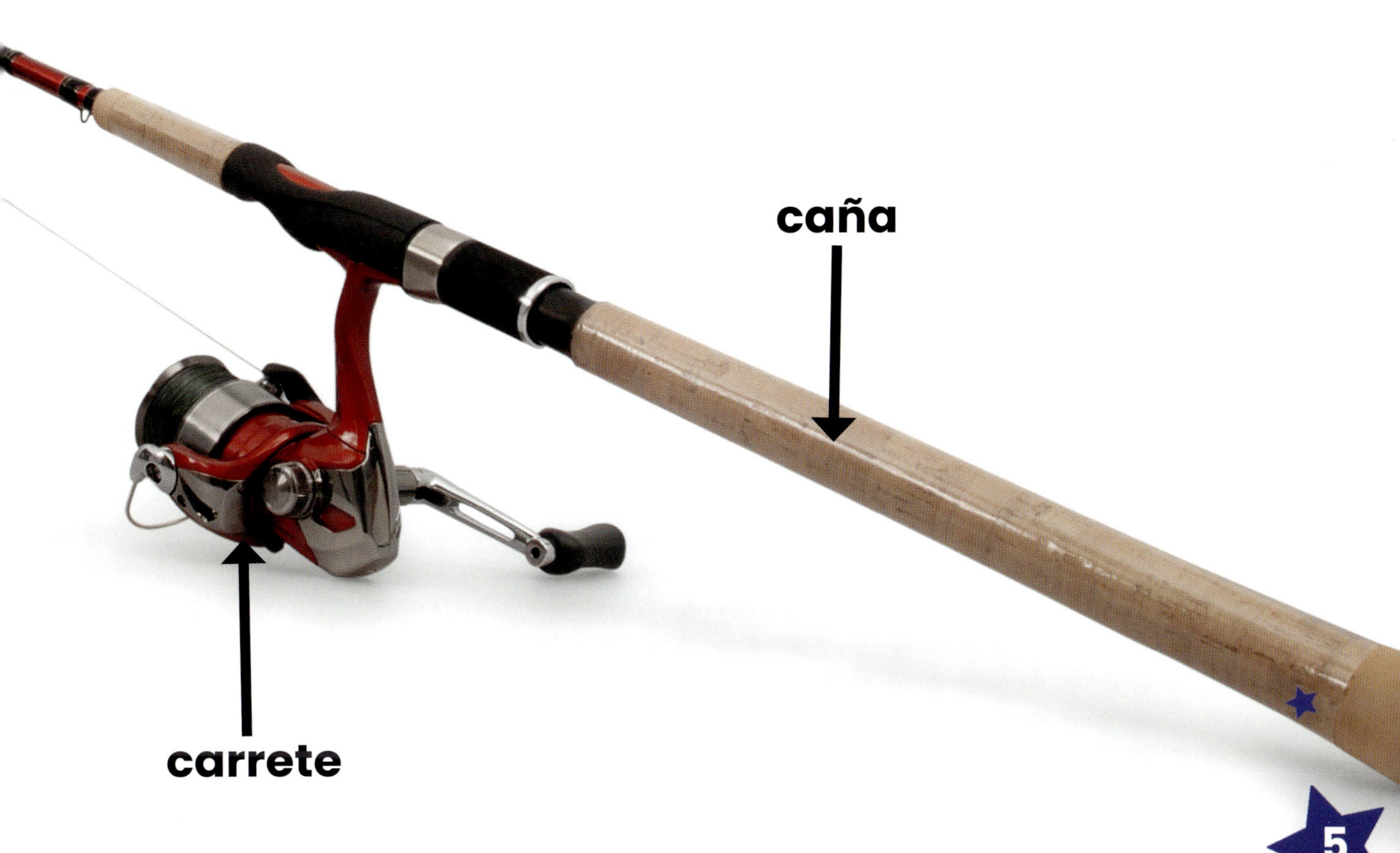
caña
carrete

Mis **herramientas** y **anzuelos** están en una caja de pesca.

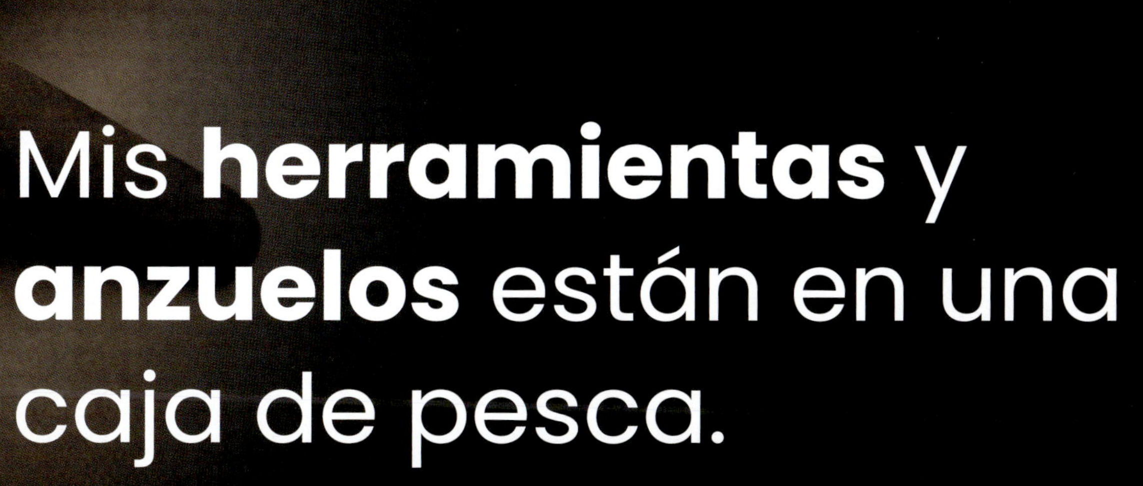

Uso repelente para insectos y un chaleco salvavidas.

Mi papá coloca el anzuelo.
¡Los anzuelos son filosos!

Uso un gusano como **carnada.**

¡A mí también me gusta pescar!

Lanzo el sedal.

Espero en silencio.

Siento un **tirón** en el sedal.

¡Atrapé un pez!

Glosario

anzuelos: Los anzuelos son piezas curvas de metal o plástico que se usan para sostener cosas.

carnada: La carnada es cualquier cosa que puedas colocar en tu anzuelo para hacer que los peces lo muerdan. *Los gusanos son una buena carnada para algunos tipos de peces.*

carrete: El carrete contiene el sedal. *Haces girar la manivela del carrete para tirar del sedal.*

herramientas: Las herramientas son cosas que nos ayudan a hacer actividades.

lanzo: Cuando lanzas el sedal, lo arrojas hacia el agua.

tirón: Un tirón es un movimiento de tracción, una fuerza que hace que algo se mueva. *Un pez da tirones al sedal cuando es atrapado.*

Índice analítico

anzuelo(s): 7, 10
caña: 4, 5
carnada: 12
carrete: 4, 5
pescar: 2, 15
sedal: 4, 17, 20

Apoyos de la escuela a los hogares para cuidadores y maestros

Los libros de El Semillero de Crabtree ayudan a los niños a crecer al permitirles practicar la lectura. Las siguientes son algunas preguntas de guía que ayudan a los lectores a construir sus habilidades de comprensión. Algunas posibles respuestas están incluidas.

Antes de leer:

- **¿De qué piensas que tratará este libro?** Pienso que este libro es sobre la pesca. Quizá nos enseñará sobre los distintos tipos de peces que hay.
- **¿Qué quiero aprender sobre este tema?** Quiero conocer las diferentes herramientas que se usan para atrapar un pez.

Durante la lectura:

- **Me pregunto por qué...** Me pregunto por qué se usa un gusano como carnada.
- **¿Qué he aprendido hasta ahora?** Aprendí que la gente usa una caña, un carrete, un sedal, una caja de herramientas, un anzuelo y carnada para pescar.

Después de leer:

- **¿Qué detalles aprendí de este tema?** Aprendí que la gente usa chalecos salvavidas y repelente para insectos para permanecer segura mientras pesca.
- **Lee el libro de nuevo y busca las palabras del vocabulario.** Veo la palabra *carrete* en la página 4 y la palabra *lanzo* en la página 17. Las otras palabras del vocabulario están en las páginas 22 y 23.

Library and Archives Canada Cataloguing in Publication

Title: La pesca de las pequeñas estrellas / Taylor Farley y Pablo de la Vega.
Other titles: Little stars fishing. Spanish
Names: Farley, Taylor, author. | Vega, Pablo de la, translator.
Description: Series statement: Pequeñas estrellas | Translation of: Little stars fishing. |
Translated by Pablo de la Vega. | "Un libro de el semillero de Crabtree". | Includes index. |
Text in Spanish.
Identifiers: Canadiana (print) 20210096268 | Canadiana (ebook) 20210096276 | ISBN 9781427131607 (hardcover) | ISBN 9781427131782 (softcover) | ISBN 9781427131959 (HTML) | ISBN 9781427136152 (read-along ebook)
Subjects: LCSH: Fishing—Juvenile literature.
Classification: LCC SH445 .F3718 2021 | DDC j799.1—dc23

Library of Congress Cataloging-in-Publication Data

CIP available at the Library of Congress

Crabtree Publishing Company
www.crabtreebooks.com 1–800–387–7650

Written by Taylor Farley
Production coordinator and Prepress technician: Samara Parent
Print coordinator: Katherine Berti
Translation to Spanish: Pablo de la Vega
Edition in Spanish: Base Tres

Print book version produced jointly with Blue Door Education in 2021

Printed in the U.S.A./022021/CG20201215

Photo credits: Cover photo Tatiana Bobkova fish illustration © DigitalPen; pages 2-3 © gorillaimages; pages 4-5 © Kovalchuk Oleksandr; page 6 © Derek Hatfield; pages 8-9 sunscreen © Jessica2, bug spray © Mmaxer, girl with life vest © Collin Quinn Lomax, life vest © Dan Thornberg; page 11 © Chanida1443; page 13 © rodimov; page 14, 16, 18, 21 © AlohaHawaii; page 23 reel © Smiltena, tools © wonderisland, tug © Maridav All images from Shutterstock.com

Published in Canada
Crabtree Publishing
616 Welland Ave.
St. Catharines, Ontario
L2M 5V6

Published in the United States
Crabtree Publishing
347 Fifth Ave.
Suite 1402-145
New York, NY 10016

Published in the United Kingdom
Crabtree Publishing
Maritime House
Basin Road North, Hove
BN41 1WR

Published in Australia
Crabtree Publishing
Unit 3 – 5 Currumbin Court
Capalaba
QLD 4157